目　录

词汇表　第45页为术语词汇表。词汇表中的术语在正文中第一次出现时为粗体。

引言

向火星发射航天**探测器**是一项困难的任务。火星远离地球数百万千米，探测器必须以极高的速度飞行才能在合理的时间内到达，当接近火星时，探测器又必须立即启动减速火箭以防飞过头。探测器降低速度后才能顺利进入绕火星的**轨道**。

必须经过缜密的工程设计才能防止着陆器上的科学仪器损坏。

机械工程师肯德拉·肖特从一个不同的角度去思考这些问题。肖特设想出一个能从火星的天空中直接降落的、不需要复杂着陆装置的另类着陆器。

如果我们的探测器是一个**着陆器**，它又必须继续减速才能脱离轨道降落到火星上。虽然火星的引力只有地球引力的三分之一，但是仍会使着陆器的降落过程颠簸不已。过去，着陆器降落时常使用**减速火箭**或者降落伞，有些甚至使用了安全气囊。所有这些系统

想象一下，如果将一个着陆器从高塔上丢下，即使最坚硬的着陆器也会摔成碎片。再想象一下，从同样高度丢一张纸下去会发生什么事情。纸也许会在空中飘飘荡荡偏离目标，但是却有很大的几率完好无损地抵达地表。

OUT OF THIS WORLD

走 出 这 个 世 界

认识美国国家航空和航天局发明家**肯德拉·肖特**和她的

宇宙礼花探测器

PRINTABLE PROBES AND
COSMIC CONFETTI

[美] 杰夫·德·拉·罗莎 著

武 鹏 毛燕萍 译

上海辞书出版社

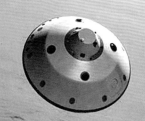

一个装备着**减速罩**的火星着陆器正穿过火星的大气。减速罩是飞船外一层具有保护性的包覆物。

不同于传统的宇航探测器，纸张具有柔软和轻巧的特性。肖特致力于开发拥有同样特性的纸张型空间飞行器。同时，相较于其他由精密的手工制造的飞行器，肖特的探测器只需要类似于家用电脑打印机的设备就能制造出来。易于制造、价格便宜、柔软、轻巧，这样的探测器就像婚礼上的礼花一样雨点般地落在火星表面，大量采集这颗红色星球的数据。

认识肯德拉·肖特

"我是在位于加利福尼亚州帕萨迪纳的美国国家航空和航天局喷气推进实验室工作的一名机械工程师，儿童时期我梦想成为一名航天员。现在我致力于开发能打印出来的空间飞行器，帮助人类探索太阳系。"

美国国家航空和航天局 **NIAC**
NASA Innovative Advanced Concepts
创新先进概念计划

"走出这个世界"系列丛书的主题，聚焦那些从美国国家航空和航天局成立的组织中获得大量拨款的项目。美国国家航空和航天局创新先进概念计划（NIAC）为致力于在空间技术中进行大胆创新研发的团队提供资金支持。你可以访问NIAC的网站 www.nasa.gov/niac 获取更多资讯。

7

目的地：火星

火星是太阳系的第四颗行星，是地球最近的邻居。由于这颗星球猩红色的外表，古代西方人使用罗马战神的名字为它命名。现在科学家们知道它的颜色来自于火星地表的岩石和尘土中的氧化铁（一种铁和氧元素的化合物）。地球上也有相同的化合物——铁锈。

在太阳系的所有成员中，火星表面是与地球最相近的。火星上也有山脉、平原、峡谷、火山、冰冠甚至沙尘暴。

从通过望远镜看到火星表面的第一天起，人类就不断想像火星人的生活。但是火星表面并没有生物居住的痕迹。

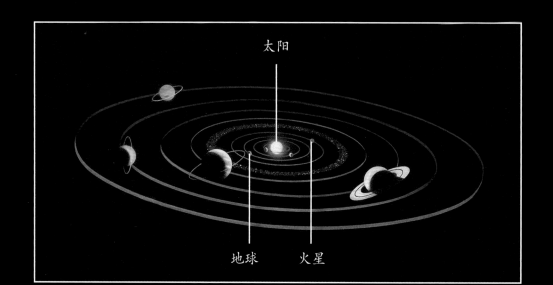

太阳

地球　　火星

火星与地球的几个主要的不同之处造成了这颗红色星球上生命难以生存的环境。尽管火星距离太阳也很近，在太阳系的排序中，距离太阳往外数仅仅排在地球后面，但是它的距离还是相当于地球距离太阳的 1.5 倍。因此，它接收到的阳光更少，这意味着这颗星球更寒冷。火星表面的平均温度为零下 60 摄氏度。

同时，火星质量只有地球质量的十分之一（质量是表示物体中含有物质多少的物理量）。由于质量较小，火星的引力也较小，火星的大气逐渐逃逸到宇宙中去。现在，火星表面的大气压相当于地球表面的百分之一。在如此低的压力下，即使火星表面温度极低，地表的液态水也会迅速蒸发。而水被科学家认为是孕育生命的关键因素之一。

尽管如此，科学家仍旧有理由相信在火星上能够找到生命的存在。有证据显示火星的地表之下存在液态咸水。进一步的证据显示火星的远古时期曾有大量液态水在火星表面流淌，使得那时的火星比现在更有可能孕育生命。尽管现在火星表面生存条件恶劣，如果生命要在火星上发展，它们可能存在于火星地表之下。

科学家们还有另一个理由对这颗红色行星感兴趣——它是人类太空探索的可能目标。将航天员送上火星非常有挑战性，但这是人类进入太空计划的重要环节。

风和古代的水的流动，改变着火星的地貌。

右下图显示了一场火星洪水在火星地表上留下的痕迹。

寻水而来

在地球上，生命遍布我们的目光所及之处。尽管生命难以在寒冷的南极、水下火山的中心或地球大气层的最高处生存，但只要有水的地方，就有生命的迹象。所以，科学家根据在地球上的经验，在太阳系中含有液态水的地方寻找生命。火星正是候选目的地之一。

探索红色行星

多年来，人类发起了 50 多次火星任务。1964 年美国水手 4 号火星探测器成为第一个成功飞掠火星的飞行器。紧接着，美国又发射了水手 6 号和水手 7 号火星探测器。这三个探测器揭开了这颗行星被紧锁的面纱，拍下了坑坑洼洼的火星表面，发回了一幅毫无生机的、貌似月球表面的照片。

1971 年发射的水手 9 号探测器彻底改变了我们对火星的看法。这颗探测器测量了火星表面 80% 的面积，第一次拍摄到了火星上火山和峡谷的照片。它还揭示了诸如水道和山谷等在水流作用下形成的地貌。

1975 年的美国海盗计划，极大地扩展了我们所了解的火星知识。海盗计划包括 2 个卫星和 2 个着陆器。1976 年，着陆器成功地降落在火星表面，近距离拍摄了火星表面，并对火星土壤进行了分析，分析结果显示并没有很强的生命存在的证据。

由海盗1号着陆器拍摄的第一张火星彩色照片。

自 20 世纪 90 年代中期以来，人类发射了许多火星探测器。这些飞行器携带多种科学仪器来研究火星世界。它们一起帮助科学家们加深对整个火星的了解。

对火星地表的探索始于 1995 年的美国火星探路者计划。探路者着陆器携带了一个名叫"索杰纳"的小型火星**漫游车**。索杰纳比一个滑板大不了多少，总共行走了 300 多英尺（100 多米），探测了许多火星上的岩石。

2004 年，两辆美国火星探测车在火星上着陆。这两个高尔夫球车大小的探测器成了宇宙探索史上最成功的探测器。这两个火星车设计寿命为 90 天，但是其中一辆称作"勇气号"的火星车在行星表面运行了 5 年，另一个机遇号运行时间更长，到 2016 年为止，机遇号在火星上旅行了超过 43 千米。这两个探测器发回了许多展示火星表面细节的照片，第一次证实了火星表面曾经存在大量液态水所覆盖的地区。

2012 年"火星科学实验室计划"携带的一个更大型的火星车好奇号降落在火星上。好奇号继续着勇气号和机遇号的使命，分析火星岩石和土壤以追寻这颗行星历史的蛛丝马迹。

2015 年好奇号火星车在火星上的自拍照。

发明者的故事：
航天的梦想

肖特在孩童时期就对科学和数学产生了兴趣。当她三年级的时候，父亲带她参加了一场由当地天文学会组织的望远镜郊游（telescope outing）。

> 66 我记得通过望远镜看到的土星环。这是我看到的最不可思议的事物。当时我在想，天啊，你能够真切地看到这么远！那儿还有什么呢？ 99
>
> ——肖特

在短暂地做了几场变成航天员访问她通过望远镜所看到的行星的梦之后，作为一名热心的读者，肖特竭尽所能从各个地方汲取着知识。她非常幸运地住在旧金山湾区，那里离坐落在加利福尼亚州的美国国家航空和航天局艾姆斯研究中心不远。在高中，她的指导老师帮她得到了在美国国家航空和航天局夏季高中学徒研究项目的夏季实习岗位。

> 66 艾姆斯研究中心进行着大量生命科学的研究，所以我得以与恒河猴一起进行模拟零重力活动的研究，这是一个极好的夏天，它在我心里烙上了深深的印记，我已经决定了我想要从事的事业。99
>
> ——肖特

在大学里短暂地学习了工程学后，肖特相继在普林斯顿大学得到学士学位，在斯坦福大学得到硕士学位，后来她进入了美国国家航空和航天局的喷气推进实验室工作，这里是设计和控制无人航天飞行器的中心。

> 66 我确实去申请成为一名航天员，我仍然没有放弃这个梦想。我心里仍然怀着小学三年级的梦想。99
>
> ——肖特

航天员的选拔非常严格，几乎是千里挑一。肖特落选了。

> 66 如今，我在喷气推进实验室里干得非常开心。我能够使用无人探测器探索宇宙空间。即使我本人到不了那里，但是我的机器人可以实现我的梦想。99
>
> ——肖特

飞往火星的
成功与失败

尽管有了多次成功，探索火星仍然是充满风险的事业。将近三分之二的火星任务失败了。许多失败发生于着陆节点，更不用提还有没能到达火星或者刚刚抵达就失去联系的探测器。

探测器在火星着陆特别困难。火星大气非常稀薄，单独使用降落伞无法着陆。火星任务通常使用复合方式进行着陆：使用减速火箭或者其他手段降低着陆时的速度。

1973 年，苏联发起了两次带有着陆器的火星任务。火星 6 号的着陆车由于反冲火箭未能点火在火星表面摔成碎片，火星 7 号的减速火箭的故障则使得飞行器与火星擦肩而过，消失得无影无踪。

下页插图显示的是由艺术家描绘的英国着陆器小猎犬 2 号。后来人们在美国火星侦察**轨道器**拍摄的图像中发现了失败的飞行器和其着陆设备的部件。

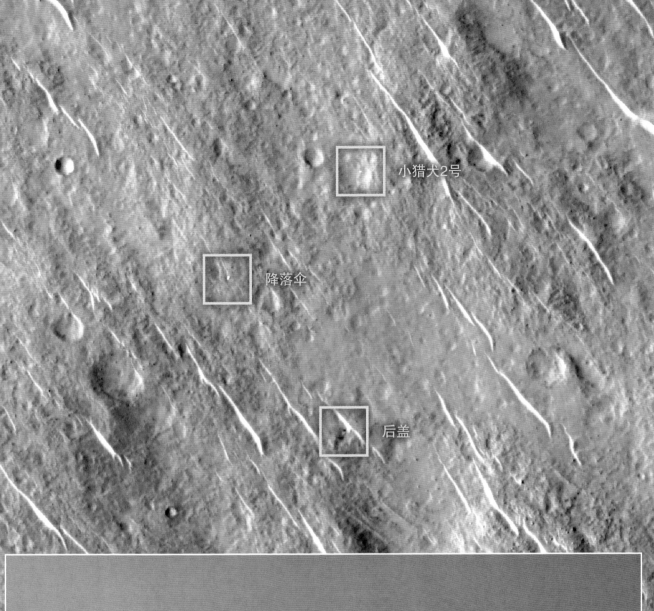

小猎犬2号

降落伞

后盖

苏联也曾发起过两次登陆火星卫星"火卫一"的计划。这两次计划最后也宣告失败，1988 年的 1 号飞行器在地球与火星之间的轨道上失去了联系，1989 年的 2 号飞行器在刚刚放出两个着陆器后也宣告失败。

1999 年发射的美国火星极地着陆器也遭受了失败的命运，由于过快地关闭了着陆发动机，飞行器坠毁在火星表面上。

通过复杂的技术组合，2000 年初的火星登陆得以成功。火星探索者着陆车同时使用了减速火箭和降落伞来降低下降的速度，在接近地表的时候，探测器释放出气囊，着陆在火星表面上。火星科学实验室的行动更进了一步，他们使用了一台"天空起重机"，一个能在空中悬浮的平台，吊着火星车降落。

21 世纪早期的复杂系统也不都是成功的，2003 年欧洲宇航局发射的火星快车计划携带英国火星车小猎犬 2 号降落在火星上，火星车的着陆非常安全，但是由于太阳能电池板未能打开，导致无法与任务控制者取得联系，任务最终以失败告终。

下页插图是艺术家绘制的由一个悬浮的"天空起重机"吊着的火星科学实验室降落在火星表面的场景。

一个更柔软的方案

2000 年年初的某一天，肖特正在思考火星任务中充满挑战的着陆过程。

> 这些飞行器又大又重，价格昂贵。它们由喷气推进实验室的机械系统部门管理着，我们有责任安全地把着陆器送到火星地表。我们的任务是设计所有的减速罩（覆盖在飞行器外部保护它们安全穿过大气层）、降落伞以及气囊。
>
> ——肖特

肖特和她的同事，工程师和天文学家家大卫·范布伦谈起此事，范布伦在另一个不同的项目上工作，一个研究能在宇宙中变形的飞行器的项目组。

> 在我们的头脑风暴中，我们同时聚焦到一个共同的解决方案：**柔性印刷电路。**
>
> ——肖特

两位科学家都听说过印刷在薄薄的软塑料上的电子设备的优势。柔性印刷电路的特点是能够弯曲而不被破坏。对于范布伦来说这种电子设备的柔韧性使它能够成为制造一种变形飞行器的原料。肖特则开始设想一个像婚礼时洒出的礼花那样纷纷扬扬地散布在火星表面上的探测器网络。

"正在我沮丧的时候，我突然想到，为什么我们要花这么多精力让这些火星车降落在地表上，难道我们不能直接把这些探测器从太空船中撒出去，让它们自己飘落到行星表面上吗？"

——肖特

什么是电路

就像电视机或计算机一样，每个宇宙飞行器都需要用一个电子设备作为它的大脑。这些电子设备由电路组成。一个电路可以被想象成一个运载着电荷的小轨道或者迷宫。

一旦电荷沿着电路运行时，它们就以某种形式运载着**电信号**的信息。电路由通路和开关构成，能够运载或控制电信号。根据设计的不同，电路可以控制、修改、增强或处理电信号。

无人飞船使用电路收集从**传感器**发送过来的数据，也使用电路处理这些数据，或者把它们传送回地球。

其他电路能够控制飞船上任何一个活动部件。

在电子技术中一般使用两种不同的电路。一种常见的电路由印在平整的材料（如塑料板）上的导电金属带组成。另外一种叫作**集成电路**，由蚀刻在半导体材料上的线路和开关组成。半导体通常由硅制造。集成电路大量应用在计算机芯片中。

集成电路制造起来比另一种电路要昂贵一些，但是集成电路更小、更快，处理起电信号更得心应手。大多数电子设备由集成电路和普通电路组合而成。

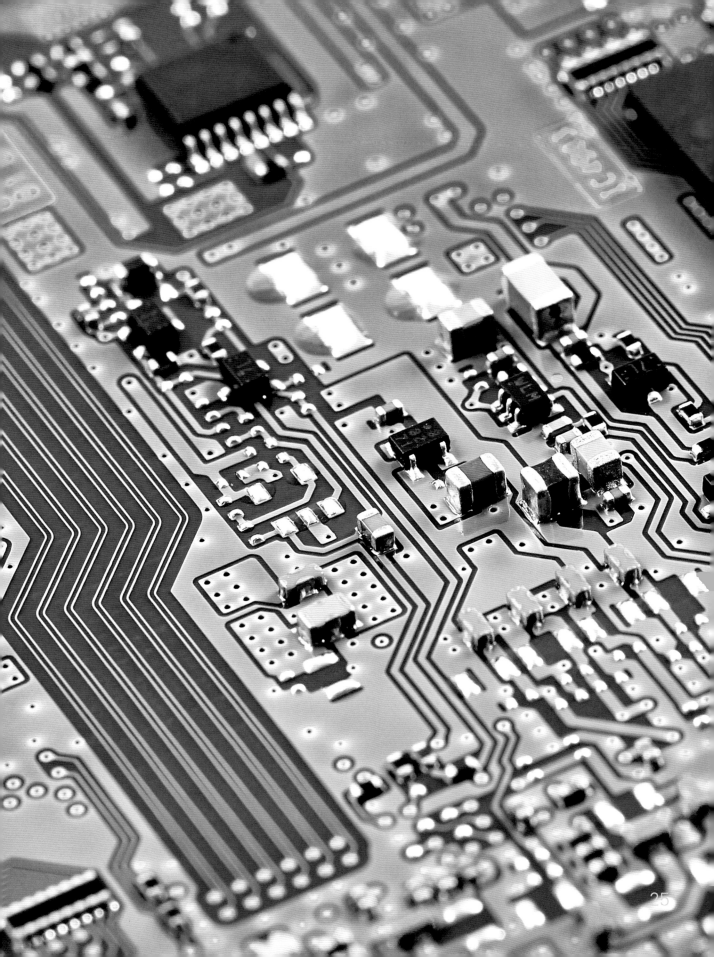

大创意：

柔性电路

目前，无论是一般电路还是集成电路都有变得越来越坚固的趋势。

66 但是如果你打开一台家用电子设备，比如硬盘刻录机、手机等，你也许能发现有些印刷在柔性原料上的电路。**99**

——肖特

柔性印刷电路，像**传统电路**一样，由导电材料制成的电路印刷在一块平整的材料上。但是柔性印刷电路的基板是由柔软的塑料而不是坚硬的塑料板制成的，电路本身也是由柔软的导电"墨水"制成。两者结合的成果就是一块耐弯折且不会破损的电路板。

人类使用简单的柔性电路已经有很多年了。但是先进的材料科技和打印技术极大地扩展了柔性印刷电路的能力。

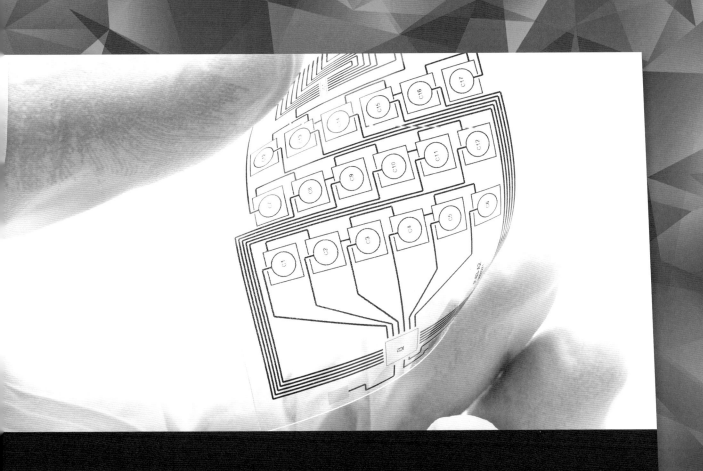

> 柔性电子设备的用途远超你在家里看到的应用，你只要使用一种导电的材料条或者特定形状或特定层压技术就能制造出类似晶体管、电容、电感等电子设备。
>
> ——肖特

以简单的光传感器为例。它可以通过以下方式创建，在柔性塑料上印刷一层感光油墨。落在感光材料上的光线会改变它的感光度。通过测量导电能力的变化，传感器可以通过感知流过电路的电荷变化，检测周围光线的变化。

> 简单的电子元件只要通过不同的方式组合起来，就能实现复杂的功能，包括可擦写的计算机存储器甚至电脑处理器。

——肖特

柔性印刷电路在处理某些任务时不如集成电路表现良好。举例来说，一台使用柔性印刷技术制造的电脑处理器，无法与集成电路在处理速度方面竞争。处理速度是考量一个计算机性能的重要指标。

> 但是，有些制造商也在将基于硅芯片的传统的集成电路制造得更加薄，所以它们也很柔软。这样的集成电路可以通过黏接一个柔性的材料，将它们连接到一个柔性印刷电路上。

——肖特

由此产生的组合被称为**混合柔性电路**。混合柔性电路结合了柔性印刷电路的柔软和价格低廉的特性以及集成电路的计算能力。

回馈地球

来自太空的创意也能服务我们的星球。

美国国家航空和航天局等组织支持"走出世界"的研究原因之一是它可能会带来实际的好处。

> 柔性电路在宇宙空间的应用方式实际上是它的一种古怪的用途。在地球上它们其实有更多的潜在用途。

——肖特

例如，在医学领域，医生一直在努力发展可以植入人体的传感器和其他电子设备。由于无法跟随人体的轮廓或人体的器官一起弯曲，传统的刚性电子产品往往不适合这种情况。

科学家已经尝试沿着大脑表面植入柔性电子传感器。这种传感器已被用于监测癫痫患者的大脑活动（这种疾病往往突如其来）。将来有一天，柔性印刷植入物可能能够在癫痫发生之前感觉到，甚至制止它发作。

发明者的故事：

工程领域的女性

有许多学习领域，包括科学、技术、工程和数学（统称为 STEM），女性曾一度被排除在外或不愿意进入该领域。当肖特进入研究生院时这种情况发生了很大变化。

 这绝对是一场划时代的巨变，很棒的转型。我以为可能会遇到上一代女性遇到过的一些阻力，但在我班的学生中，无论男性还是女性，毫无疑问，我们都是平等的。"

——肖特

尽管如此，当时研究工程学的
女性仍相对较少。

❝ 当时，在普林斯顿大学有五
个女学生。我们都彼此相熟，
现在我们仍然是朋友。❞

——肖特

长大后，肖特非常钦佩先驱航
天员萨莉·莱德，她是第一位
进行太空航行的美国女性。

肖特 1989 年从普林斯顿大学毕业
时候的照片。

❝ 她是许多年轻女孩的榜样。
我不知道今天女孩子心目中的
榜样是谁。但对于我这一代人
来说，萨莉·莱德是一个激励
者。❞

——肖特

31

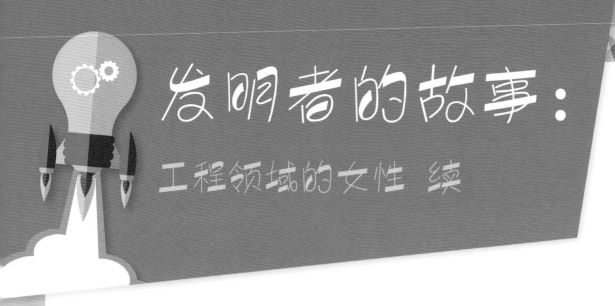

荣誉模范：萨莉·莱德。萨莉·克里斯汀·莱德（1951—2012）是美国航天员，第一位在太空航行的美国女性。1983年6月，她和航天员罗伯特·克里平、约翰·费边、弗雷德里克·豪克和诺曼·撒加德在挑战者号航天飞机上进行了为期六天的飞行。

莱德于1951年5月26日在洛杉矶出生。作为一个年轻的女孩，她对数学和科学产生了浓厚的兴趣。她也很爱运动，喜欢跑步、排球和垒球。莱德在大学里参加网球锦标赛，并得到了全国学院的排名。她的导师，网球巨星比利·让·金，敦促她成为职业网球选手。然而，莱德选择成为一个科学家。她获得了斯坦福大学的英语、物理和天体物理学学位。凭借着物理学博士的学位，她回复了美国国家航空和航天局的一份征求航天员的报纸广告。1978年，该项目从8000多名申请人中选择了莱德。

1983 年 6 月 18 日，莱德乘坐历史性航班起飞。她不仅是第一位进入太空的美国女性，时年 32 岁的她也成为美国最年轻的太空旅行者。1984 年莱德第二次进入太空。她原计划进行第三次飞行，但 1986 年 1 月 28 日挑战者号航天飞机爆炸并造成 7 名航天员全部遇难后，美国国家航空和航天局暂停了航天飞机计划。莱德进入了挑战者号灾难的调查委员会。她后来也担任 2003 年哥伦比亚号航天飞机失事原因的调查委员会成员。1989 年，莱德加入加利福尼亚大学圣迭哥分校，担任物理学教授。

离开聚光灯后，莱德一直保持低调。她很少接受采访，也不愿意将她的名字用于任何引起公众注意的事情。但她是数学和科学教育的热情倡导者。2001 年，她创办了萨莉·莱德科学公司，"让科学和工程再次变得更酷"，尤其针对女孩。她于 2012 年 7 月 23 日去世。

在工程领域的女孩。在 20 世纪 80 年代初，美国只有约 5% 的工程师是女性。在萨莉·莱德等榜样的帮助下，这一数字已上升至 15% 左右，但仍有很大的提升空间。目前有许多计划和资源用来帮助对工程职业感兴趣的年轻女性。

工程师女孩（http://www.engineergirl.org/）：该网站为有兴趣从事工程职业和工作特点的女性提供建议。

萨莉·莱德科学（https://sallyridescience.com）：莱德创办的公司继续为学生和教师提供科学、技术、工程和数学方面的课程。

美国国家航空和航天局的女性（https://women.nasa.gov/）美国国家航空和航天局的女性员工向公众描述她们在美国国家航空和航天局的工作以及她们加入科学、技术、工程和教学计划的途径。该网站包含激励有志者成为未来的科学家和工程师的视频、文章和科学、技术、工程和教学计划的链接。

制作原型

发明家通常通过建立原型来发展他们的创意。原型是一项发明的工作模型。它可能看起来不像完成品，但它被用来表明这个创意是否可行。肖特知道她的探测器需要电源，一些用来收集数据的传感器，还有一个传输数据的天线。

她的团队发现许多这些组件已经以柔性印刷的形式存在。但是还没有人把它们全部结合起来，制造出完全可打印的航天器。

> 我们的问题是，你能否整合传统航天器的所有功能，并将其打印成像一张纸却功能完备的航天器？
>
> ——肖特

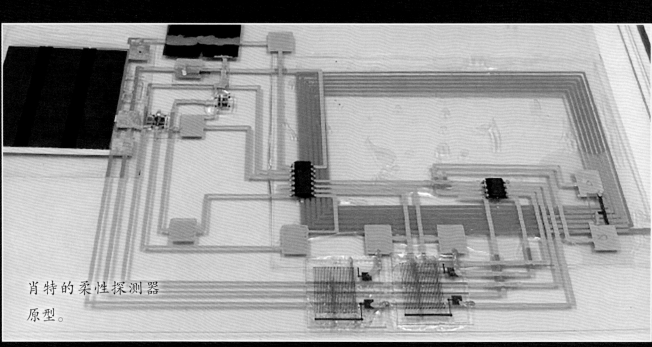

肖特的柔性探测器
原型。

肖特的团队花了几年的时间研究和构建他们的原型。最终版本包括两个印刷传感器、一个光传感器和一个温度传感器。印刷电路也用于数据的多路传输，即从每个传感器区分和组织数据。印刷的无线电发射器使原型能够将数据发送到笔记本电脑。

> ❝ 所以我们最终得到了一个由印刷电路制成的全功能航天器原型。❞
>
> ——肖特

肖特的团队还对原型进行了环境测试。他们将探测器原型暴露在严酷的条件下，看看它是否能够在太空飞行中幸存下来。

> ❝ 我们也做了一些任务研究，分析如何使用类似的东西以及它可能给你带来的好处。❞
>
> ——肖特

回馈地球：

来自太空的创意也能服务我们的星球。

柔性印刷传感器也正在开发用于食品行业。例如，用柔性印刷传感器包裹的生菜。这种包装可以监控暴露于热和光下的生菜并记录其整个包装和运输历史。当食品不再适合销售或食用时，这种"智能"包装就会向销售商和消费者报告。

发明者的故事：
其他兴趣

发明家不会把全部时间花在实验室中。肖特婚后育有两个孩子，一个女孩和一个男孩。

> 66 当我有空闲时，家人就是最重要的。我们喜欢露营、骑自行车和其他户外活动。我也喜欢在我的花园里闲逛，烹饪，和我的孩子们一起制作东西。99
>
> ——肖特

长大后，肖特是一名热情的足球运动员。

和她的英雄萨莉·莱德一样，肖特也是一名大学运动员。

> 66 从大约五岁开始直到大学时，我一直在踢足球。大四的时候，我和我的室友都是我们大学足球队队长。99
>
> ——肖特

肖特和她的丈夫韦斯利、儿子艾丹、女儿阿米莉亚在火山口湖（上图左），石化森林（上图右）和大峡谷（左图）。

发明者的故事：
勇于竞争

> 今天的孩子有很多动手创作的机会，这些机会在我成长时并不存在。今天在学校的乐高®机器人课程让我希望自己再次成为孩子。实际上，我是成年顾问——但我仍然可以玩玩具！

——肖特

许多学校和其他机构为年轻人提供乐高的机器人竞赛。参赛者队伍必须使用乐高积木和乐高头脑风暴机器人来解决源自现实世界的工程挑战问题。

FIRST 乐高联盟，是世界最大的乐高竞赛之一，起初是乐高集团与非营利性教育组织 FIRST 的合作建立的，FIRST 是"致力于启迪和了解科学技术"的首字母缩写。有关这一竞赛和其他竞赛的更多信息，请访问 www.firstinspires.org。

覆盖火星

肖特的纸质探测器带着少量的基本传感器，与探测火星的特制探测器相比，看起来相当简单。但与那些脆弱的漫游车不同，肖特的轻质柔软的飞行器不需要安装在带有缓冲气囊、减速火箭和天空起重机的平台上。

这种便宜、易于制作的飞行器可以被数以千计地制造，并轻轻地落在火星表面上。

66 它们会躺在火星表面，形成一个环境传感器网络。每个探头都可以感测特定点的温度、气压和风速。通过结合所有探头的数据，您可以建立火星大气的详细计算机模型。99

——肖特

因为可能有许多探测器，所以可以在比一些传统登陆器活动范围更大的区域收集信息。如果一部分探测器失效，还有其他数千台设备在收集信息。

66 想想小猎犬 2 号着陆器。仅仅是太阳能电池板这一个设备失效，竟然导致整个任务失败。99

——肖特

> 想象一下，打印一大堆这种像小纸片一样的航天器，并将它们装在一个空壳中。你可以将它们释放到大气中，让它们像五彩纸屑一样扑向星球表面。

——肖特

肯德拉·肖特和她的团队

肯德拉·肖特和大卫·范布伦博士，他们一起产生了五彩礼花探测器的想法。

词汇表

探测器　探测宇宙远处物体的机器人航天器。

轨道　物体在空间运动的路径。如两个天体在相互引力作用下运行的路径。

着陆器　一种设计用于降落在外星表面的航天器。

减速火箭　用于减速和引导航天器的反向火箭。

机械工程师　从事机械行业的专业人士。研究物体间的各种作用。

减速罩　飞船外层的覆盖物。当太空船进入太空物体的大气层时，它可以保护太空船。

漫游车　一种在外星表面滚动行驶的探测器。

轨道器　设计用于在太空中绕行星或其他物体运行的太空船。

柔性印刷电路　印刷在薄而柔性材料上的电路。

电路　用于携带电荷的路径或轨道。电路是电子设备的基本单元。

电信号　变化的电流或电压，可以传输信息。

传感器　一种检测热量、光线或其他现象的装置，可产生电信号。

集成电路　蚀刻或刻蚀在一片半导体材料（如硅）上的微型电路；如一个电脑芯片。

传统电路　由导电材料制成安装在平坦的刚性板上的电路。

混合柔性电路　柔性印刷电路元件与薄型柔性集成电路的组合。

更多信息

想更多地了解火星?

Berger, Melvin and Mary Kay Carson. *Discovering Mars: The Amazing Story of the Red Planet.* Scholastic, 2015.

想更多地了解水的重要性?

Stewart, Melissa. *National Geographic Readers: Water*. National Geographic Children's Books, 2014.

想要创建自己的电路来创造新的发明?

Graves, Colleen and Aaron Graves. *The Big Book of Makerspace Projects: Inspiring Makers to Experiment, Create, and Learn*. McGraw-Hill Education TAB, 2016.

像发明家一样思考

想象一下，使用柔性印刷电路制作一件衣服。 电子产品可能包括各种传感器、显示屏或您能想到的任何其他设备。 你会在你的设计中包含哪些功能?

致谢

下列机构、个人、公司、图书出版单位为本书提供了照片及其他插图，书中出现的每一幅插图所对应的页码均列在提供单位和个人的前面。

封面	WORLD BOOK illustration by Francis Lea (NASA/JPL/Cornell)
4–5	NASA/JPL–Caltech
6–7	© Shutterstock
8–9	WORLD BOOK illustration by Rob Wood; NASA/JPL/USGS
10–11	NASA/JPL–Caltech/Univ. of Arizona; NASA/JPL–Caltech/University of Arizona/ Texas A&M University
12–13	NASA/JPL
14–15	NASA
18–19	NASA/JPL/University of Arizona; ESA
21	NASA/JPL–Caltech
22–23	WORLD BOOK illustration by Francis Lea (NASA)
25	© Shutterstock
27	© Shawn Hempel, Shutterstock
31	Kendra Short
33	NASA
35	Texas A&M University (licensed under CC BY 2.0)
36–37	Kendra Short
38–39	Kendra Short
40–41	© Adriana Groisman, FIRST; © Dan Donovan, FIRST
42–43	WORLD BOOK illustration by Francis Lea (NASA/JPL/Cornell)
44	Kendra Short

图书在版编目（CIP）数据

宇宙礼花探测器 ／（美）杰夫·德·拉·罗莎著；
武鹏，毛燕萍译 . —上海：上海辞书出版社，2018.8
ISBN 978 - 7 - 5326 - 5155 - 9

Ⅰ. ①宇… Ⅱ. ①杰… ②武… ③毛… Ⅲ. ①航天
探测器 — 普及读物 Ⅳ. ① V476.4 - 49

中国版本图书馆 CIP 数据核字（2018）第 155540 号

宇宙礼花探测器 yǔ zhòu lǐ huā tàn cè qì

〔美〕杰夫·德·拉·罗莎 著　武　鹏　毛燕萍 译

责任编辑　董　放
封面设计　梁业礼

出版发行　上海世纪出版集团
　　　　　　上海辞书出版社（www.cishu.com.cn）
地　　址　上海市陕西北路 457 号（200040）
印　　刷　上海雅昌艺术印刷有限公司
开　　本　890×1240 毫米　1/16
印　　张　3
字　　数　40 000
版　　次　2018 年 8 月第 1 版　2018 年 8 月第 1 次印刷
书　　号　ISBN 978 - 7 - 5326 - 5155 - 9 / V · 4
定　　价　25.00 元

本书如有质量问题，请与承印厂联系。T: 021 - 68798999